油气甲烷100问

秦 虎 张建宇 高俊莲 高 霁 冉 泽 张晓楠/编

中国环境出版集团 · 北京

图书在版编目（CIP）数据

油气甲烷100问 / 秦虎等编. -- 北京 : 中国环境出版集团, 2022.9
ISBN 978-7-5111-5299-2

Ⅰ. ①油… Ⅱ. ①秦… Ⅲ. ①油气田—甲烷—释放—问题解答 Ⅳ. ①X741-44

中国版本图书馆CIP数据核字(2022)第164933号

出 版 人 武德凯
责任编辑 黄 颖
责任校对 薄军霞
装帧设计 宋 瑞

出版发行 中国环境出版集团
（100062 北京市东城区广渠门内大街 16 号）
网　　址：http://www.cesp.com.cn
电子邮箱：bjgl@cesp.com.cn
联系电话：010-67112765（编辑管理部）
发行热线：010-67125803，010-67113405（传真）
印　　刷 玖龙（天津）印刷有限公司
经　　销 各地新华书店
版　　次 2022 年 9 月第 1 版
印　　次 2022 年 9 月第 1 次印刷
开　　本 880×1230 1/32
印　　张 2.5
字　　数 45 千字
定　　价 20.00 元

中国环境出版集团郑重承诺：

中国环境出版集团合作的印刷单位、材料单位均具有中国环境标志产品认证。

前言

大气中的甲烷是仅次于二氧化碳的第二大温室气体，作为一种短寿命的温室气体，根据联合国政府间气候变化专门委员会（Intergovernmental Panel on Climate Change，IPCC) 第六次评估报告，化石能源排放的甲烷在 20 年尺度下的全球增温潜势（Global Warming Potential，GWP）是二氧化碳的 82.5 倍，化石能源排放的甲烷在 100 年尺度下的全球增温潜势是二氧化碳的 29.8 倍。因此，减少甲烷排放是一种快速、有效且经济的减缓气候变化的方式，甲烷等非二氧化碳温室气体的深度减排被认为是全球实现《巴黎协定》目标，于 21 世纪末将全球升温控制在 1.5 ℃以下的必要条件。同时甲烷还是对流层臭氧的前体物，会引发严重的健康问题。此外，与二氧化碳不同的是，甲烷是优质气体燃料，被回收后可以作为清洁能源利用，同时也是制造合成气和诸多化工产品的重要原料。因此，重视甲烷排放控制问题，具有气候效益、经济效益以及环境和健康效益等多重效益。

大气中的甲烷浓度已经从工业化前的约 720 ppb[1] 上升到 2020 年的 1 879.2 ppb±0.6 ppb。根据美国国家海洋和大气管理局的数据，2020 年新冠肺炎大流行封锁期，在二氧化碳排放量有所下降的情况下，大气中的甲烷浓度却仍然保持着增长的势头。从全球来看，管控甲烷排放已经从科学共识上升为政治共识。截至 2022 年 5 月底，已有 113 个国家和地区签署“全球甲烷承诺”，经济总量约占全球的 70%，甲烷排放量约占全球的 50%，号召其在 2030 年较 2020 年至少减少 30% 的甲烷排放量。2021 年 11 月 10 日，中国和美国在联合国气候变化格拉斯哥大会期间发布《中美关于在 21 世纪 20 年代强化气候行动的格拉斯哥联合宣言》（以下简称《中美联合宣言》）。《中美联合宣言》强调了未来10年间中美两国要在甲烷排放的测量、管理和研究方面加强合作以减少甲烷排放。

大气中甲烷约 60% 来自能源活动、农业活动和废弃物处置等人为源的排放。能源活动中甲烷排放主要源自煤炭、油气等化石能源的生产利用活动。2020 年，全球油气行业甲烷泄漏量达 7 200 万 t。根据国际能源署（IEA）“2020 甲烷追踪”报告内容，油气行业中 40% 的甲烷可以实现零成本减排。因此油气行业的甲烷减排，是缓解气候变化和推进《巴黎协定》目标的最佳行动之一。随着技术进步，甲烷监测、测量及减排技术可以帮助油气行业引入更为经济的减排方案，将会继续改进油气行业的甲烷减排。

本书共分四章，具体内容如下。

（1）油气甲烷减排的重要意义

从甲烷和气候变化的关系展开对甲烷的减排重要性的论述。在此基础上对油气甲烷排放在全球及中国甲烷排放中的地

1 ppb，part per billion，十亿分比浓度，10 的 −9 次方数量级。

位进行阐述。进而介绍油气甲烷减排的特殊性和经济性以及今后全球油气甲烷减排的潜力，帮助读者对油气行业甲烷排放和减排的基本情况进行了解与认识。

（2）油气甲烷排放的特征与核算

从油气系统甲烷排放源的界定开始阐述油气行业甲烷排放的系统边界以及不同环节的甲烷排放的特征。在此基础上介绍了油气行业甲烷排放的检测与监测技术的类型和特点。接下来对油气行业甲烷排放核算的方法进行了介绍，包括方法的类型及选择。最后对典型国家油气甲烷排放的核算现状进行分析。

（3）油气甲烷减排技术与实践

从油气甲烷减排技术的指导资料入手介绍了油气行业不同环节甲烷减排的技术。接下来对每一种具体减排技术进行了详细阐述。最后对减排技术的原理进行剖析，为相关工作人员掌握减排方法和技术提供有益的参考。

（4）油气甲烷减排行动

最后一章从全球尺度油气甲烷减排行动的介绍入手，包括目前的减排组织的类型以及不同组织的特征。在此基础上，介绍了典型国家油气领域的减排措施和行动计划。最后介绍了典型企业的油气减排措施和计划。

本书在编写过程中借鉴了国内外油气甲烷排放领域学者及机构的最新研究成果，除注明出处的部分外，限于体例未能一一说明，谨向学界的诸多同仁及作者致谢。

限于作者水平，虽然对书稿进行了反复研究，但难免存在疏漏之处，恳请读者批评指正！

编著者

2022 年 6 月

目录

第三节　油气甲烷减排技术原理 /44

第四章 油气甲烷减排行动 /49

第一节　全球尺度的行动 /50

第二节　区域尺度的行动 /58

第三节　公司和机构尺度的行动 /62

参考文献 /64

第一章

油气甲烷减排的重要意义

1. 甲烷和气候变化是什么关系？

甲烷是仅次于二氧化碳的全球第二大温室气体，其在大气中的存续时间较短，约为 12 年。根据最新的 IPCC 第六次评估报告显示，化石能源排放的甲烷在 20 年尺度下的全球增温潜势是二氧化碳的 82.5 倍，化石能源排放的甲烷在 100 年尺度下的全球增温潜势是二氧化碳的 29.8 倍。

由于甲烷在大气中的寿命较短，大气中甲烷浓度可以相对迅速地对甲烷减排活动做出响应，而二氧化碳在大气中存续时间很长（50 ～ 200 年），减少大气中二氧化碳含量则需要更长时间才能见效。近年来的研究达成了越来越多的共识，即通过降低甲烷来减缓气候变化是一种有效且经济的方式。政府间气候变化专门委员会（Intergovernmental Panel on Climate Change，IPCC）曾明确指出，甲烷等非二氧化碳温室气体的深度减排，是全球实现《巴黎协定》目标，即于 21 世纪末将全球升温控制在 1.5℃以下的必要条件。联合国政府间气候变化专门委员会第五次评估报告指出，在温室气体的总增温效应中，甲烷贡献约占四分之一，仅次于二氧化碳[1]。未来 30 年，甲烷排放若能减少 50%，对全球温升的控制接近 0.2℃。

2. 油气甲烷排放在全球甲烷排放中的贡献是多少？

甲烷排放量的估计存在高度的不确定性，全球甲烷预算[1]中提供的最新综合估算表明，全球每年的甲烷排放量约为

1 https://www.globalcarbonproject.org/methanebudget/index.htm.

570 Mt。这包括来自自然源的排放（约占总排放量的 40%）和来自人类活动的排放（其余 60%，称为人为排放）。在全球范围内，人为甲烷排放量的最大来源是农业，约占排放量的四分之一，紧随其后的是能源部门，其中包括煤炭、石油、天然气和生物燃料的排放[2]。国际能源署（IEA）发布的《世界能源展望 2019》显示，2018 年全球油气行业甲烷泄漏量达 8 000 万 t，按照 20 年全球增温潜势计算，相当于 67 亿 t 二氧化碳当量。2020 年，油气行业的甲烷排放占全球甲烷排放量的 18%，占人为甲烷排放量的 30%。当前油气行业的甲烷排放占到了油气行业温室气体的 15%，未来随着天然气使用量的继续增加，如果不采取有效控制措施，油气行业的甲烷排放量将继续增加。

3. 油气甲烷排放在中国甲烷排放中的贡献是多少？

我国不仅是全球最大的二氧化碳排放国，而且是最大的甲烷排放国，甲烷在我国温室气体排放总体构成中占有重要地位。2019 年 6 月发布的《中华人民共和国气候变化第二次两年更新报告》显示，2014 年我国甲烷排放量已经高达 5 529 万 t，其中能源活动排放占比 44.8%。仅按照较低的全球增温潜势计算，我国 2014 年的甲烷排放总量相当于 12 亿 t 二氧化碳（包括土地利用变化和林业），超过诸多发达国家当年的温室气体（换算为二氧化碳）排放总量。其中油气系统的甲烷排放总量为 112.7 万 t，占 2014 年中国甲烷排放总量的 2%，占能源活动甲烷排放总量的 5%。

4. 为什么要关注油气系统的甲烷排放？

二氧化碳对大气的增温作用会持续几百年，但甲烷的短期（20 年计）增温效应是二氧化碳的 80 多倍，占全球短期效应的温室气体排放总量的 25%。因此，减少甲烷排放是短期控制气候变暖的最佳手段。

大气中的甲烷主要来自煤矿开采、石油天然气生产、垃圾填埋、牲畜、稻田、生物质燃烧等人为源排放，占全球甲烷排放的 50% ～ 65%[1]。2020 年，油气和煤炭开采行业所排放的甲烷占到了全部人为甲烷排放量的三分之一左右。相比减少农田和动物排放涉及的改变亿万田地和农场的水稻种植与动物饲养方式，降低油气行业的甲烷排放无疑是最快捷且最易操作的减排手段。

与二氧化碳不同，甲烷具有商业价值，捕获的额外甲烷通常可以直接货币化，这在石油和天然气领域通常比在能源行业的其他部门更容易，意味着对比其他领域，油气系统的甲烷减排可以节省成本。

即使在强脱碳情景下，例如，在国际能源署可持续发展情景下，石油和天然气仍将在未来能源系统中发挥重要作用。天然气可以通过替代更多污染性燃料在能源转型中发挥重要的支持作用，还可以提供低碳替代方案的服务，例如，冬季高峰期供暖，季节性存储或工业用高温供热。但是，要发挥这一作用，就必须将其对社会和环境的不利影响减至最小，甲烷的减排对此至关重要[1]。

1 https://www.iea.org/reports/methane-tracker-2021/methane-and-climate-change#abstract.

5. 油气甲烷减排有哪些效益？

油气甲烷排放不仅具有气候效益，还可能产生重要的经济效益。这是由于甲烷是优质气体燃料，被回收后可以作为清洁能源利用；甲烷也是制造合成气和许多化工产品的重要原料。对天然气行业而言，减少甲烷排放，能提早收获天然气作为替代燃料和工业原料所产生的经济效益。此外，甲烷减排还能协同控制空气污染，获得环境效益。这是由于甲烷还是对流层臭氧的前体物，会引发严重的健康问题。因此，甲烷减排可以带来气候效益、经济效益和环境效益[1]。

6. 甲烷减排对油气行业有什么影响？

《中华人民共和国国民经济和社会发展第十四个五年规划和 2035 年远景目标纲要》首次提出的甲烷排放控制，给甲烷排放大户——煤炭、油气企业提出了全新挑战。甲烷是天然气、页岩气、煤层气的主要成分，因此甲烷减排任务的确立，对煤炭、油气行业的影响之大不言而喻。天然气作为一种清洁低碳、安全高效的化石能源，在满足能源需求、应对气候变化中发挥着重要作用，是实现中国“2030 年前碳达峰”目标和“2060 年前碳中和”愿景的关键过渡能源。天然气能否在我国能源转型中真正起到桥梁作用，取决于油气行业的甲烷减排成效。

对企业而言，甲烷排放控制不仅是能源企业履行社会责任的一种形象体现，也将直接影响企业的社会形象与国际声誉，而且会对企业今后的发展起到约束作用。欧洲开发银行已经宣布，自 2020 年年底开始停止贷款给不采取甲烷减排措施的天然气项目[2]。

7. 全球油气系统的甲烷减排潜力如何？

国际能源署开发了全球油气系统甲烷减排边际成本曲线，用于描述甲烷减排潜力以及在全球范围内实施减少甲烷排放的措施的成本和收益。据国际能源署估计，全球油气系统中约四分之三的甲烷排放量具有减排技术可行性。此外，由于减排措施的成本低于所捕集甲烷的市场价值，因此部分减排可以实现零成本或者负成本。世界各地的天然气价格影响着可以实现零成本减排的甲烷量，该份额通常为 40% ～ 50%，但由于 2020 年天然气价格暴跌，该份额暂时降至 10% 左右[1]。

1 https://www.iea.org/reports/methane-tracker-2021/methane-and-climate-change#abstract.

第二章

油气甲烷排放的特征与核算

第一节 油气甲烷排放的来源

8. 油气系统排放源界定的系统边界是什么？

根据《2006 年 IPCC 国家温室气体清单指南》可知，石油和天然气系统包括生产、收集、处理或提炼和将天然气及石油产品送往市场所需的一切基础设施。系统起始于井源，即石油及天然气来源，到最终销售至消费者处而终止[3]。

9. 油气系统甲烷排放的形式有哪些？

正常作业过程中的工艺放空排放（如油气生产过程中与放空有关的排放，设备放空口处排放，设备常规泄漏排放）；非正常工况排放（如管线修复过程中的放空排放，系统失常和事故过程中的泄漏）；火炬燃烧的排放；天然气燃料燃烧排放[4]。

10. 油气系统中工艺放空排放的甲烷发生在哪些环节？

工艺放空排放，指的是石油天然气生产的各业务环节通过工艺装置泄放口或安全阀门有意释放到大气中的甲烷和二氧化碳气体的过程，如驱动气动装置运转的天然气排放、泄压排放、设备吹扫排放、工艺过程尾气排放、储罐溶解气排放等[5]。

11. 油气系统中甲烷设备泄漏排放发生在哪些位置与环节？

甲烷设备泄漏排放是在石油天然气供应链环节中由于设备泄漏产生的无组织甲烷排放，可能发生的不同位置与环节包括阀门、法兰、泵轮密封、压缩机密封、减压阀、取样接口、工艺排水、开口管路、套管、储罐泄漏及未被定义为工艺放空排放的其他压力设备泄漏[5]。

12. 油气系统中火炬燃烧排放指的是什么？

出于安全等目的，石油天然气企业通常将活动产生的可燃废气集中到火炬系统中进行排放前的燃烧处理。火炬燃烧也常用来处理石油生产中未得到利用的伴生气。火炬燃烧除了产生二氧化碳，还可能产生少量的甲烷。石油天然气企业的火炬燃烧可分为正常工况下的火炬气燃烧及由于事故导致的火炬气燃烧两种[5]。

13. 油气开采环节甲烷排放的来源是什么？

油气开采业务工艺放空甲烷排放及甲烷逃逸排放主要发生于原油开采中的井口装置、单井储油装置、接转站、联合站及天然气开采中的井口装置、集气站、计量站/配气站及储气站等[5]。

14. 油气储运环节甲烷排放的来源是什么？

油气储运环节的工艺放空排放主要源于压气站 / 增压站、管线（逆止阀）、计量站 / 分输站、清管站等设施的放空活动。油气储运业务甲烷逃逸排放主要来自原油和天然气输送过程中的逸散和泄漏损失。成品油输送过程中逸散损失很低，因此《中国石油天然气生产企业温室气体排放核算方法与报告指南（试行）》中不要求计算成品油输送过程中的甲烷逃逸排放。原油输送过程中产生的甲烷逃逸排放主要源于原油输送管道的泄漏。天然气输送环节的逃逸排放主要源于阀门、压气站 / 增压站、计量站 / 分输站、管线（逆止阀）等设施的泄漏[5]。

15. 原油储罐的甲烷排放主要有哪些形式？

闪蒸排放，是指当原油从分离器进入储罐时，由于压力突然降低，高压下溶解在原油里的天然气由液相闪蒸到气相的过程。闪蒸排放量与油气比、分离器温度和分离器压力等因素相关。

大呼吸排放，是指在储罐收发油的过程中，由于储罐油液面的改变所导致的排放。储罐收油时，油液面上升，罐内气相压力升高，当其超过呼吸阀设定的压力时，气体便从呼吸阀逸出。储罐发油时，油液面下降，罐内气相压力下降，当其小于呼吸阀设定的压力时，储罐吸入空气，吸入的新鲜空气促使油品蒸发，使气相压力再次上升呼出气体。

小呼吸排放，是指储罐在静止状态下，随着外界气温、压力的变化所导致的排放。影响小呼吸排放的因素主要有原油性质、气象条件和储罐容积等。

在储罐实际的运行状态中，闪蒸排放、大呼吸排放和小呼吸排放这三种排放形式通常是同时发生并相互影响的[6,7]。

16. 输气站场的甲烷排放主要有哪些？

输气站场甲烷泄漏量与输气站场的生产规模、输气能力相关。在输气站场，主要的甲烷泄漏部位有五大类：（1）接头：压力表、温度计下面的连接器等；（2）法兰：球阀、孔板计量装置等两侧的法兰；（3）盲板：收球室、发球室末端的密封板；（4）加脂孔：阀门上面加润滑油以及密封脂的部位；（5）阀芯：球阀、孔板计量装置的阀盖等[8]。

17. 集气站的甲烷排放主要有哪些？

集气站甲烷排放主要来自火炬燃烧、火炬吹扫气燃烧（若有）。维、检修或发生事故时，集气站内的天然气通过火炬燃烧后放空，阀门等密封不严时会有甲烷泄漏到大气中[9]。

18. 天然气井口的甲烷排放主要有哪些？

天然气井口甲烷泄漏量取决于井口处理天然气的设备。

井口天然气与产出的水、砂和返排液等混合，经过井口节流阀，最终放空、被火炬燃烧或外输销售。放空、火炬燃烧系统、油罐和水罐中都存在甲烷的泄漏[8]。

19. 页岩气生产流程中甲烷排放的主要环节有哪些？

气井开发过程中的甲烷排放。水力压裂过程中，大量的压裂液通过高压方式注射到页岩储层中以便增加天然气的流动性。在水力压裂完成后的完井阶段，一部分压裂液会返回到地表，这部分液体被称为返排液。返排液中包含水、碳氢化合物液体。在返排液返排回地面的过程中，也会携带相当一部分的储层气体，即页岩气（甲烷）。这些气体将在井口释放（直接以甲烷形式排放进大气）或者经过燃烧后排放（最终以燃烧后产生的二氧化碳排放）或者兼而有之。

开采后井场集输过程中的甲烷排放。在气井进行生产之后的集输过程中也会存在甲烷泄漏。一口典型的井通常拥有55～150个连接的设备，如加热装置、脱水装置、压缩机、气相恢复装置等。这些设备中的大多数都存在潜在的泄漏风险，其中，来自气动泵和脱水装置的泄漏是主要部分。

净化加工过程损耗导致的甲烷排放。刚开采出来的页岩气，如果不进行进一步的净化加工处理，其气体质量达不到直接管道运输的标准。此外，页岩气还要通过进一步加工去除杂质，如脱硫加工等。除此之外，一些比较重的气体，如含硫气体，都需要在进入管道输送前进行处理以便除去这些组分。在这一加工过程中，也会排放出一些甲烷。

分销过程中的甲烷排放。页岩气在完成加工后通过长距离运输管线向外输送、储存和分销的过程中，会产生一定量的甲烷泄漏。例如，当一个压缩机或管线停止工作或需要维修时，需要释放其中的甲烷以保证安全[10]。

20. 油气系统中甲烷的排放速率和持续时间是固定不变的吗?

正常排放过程中，如储罐呼吸、油料装卸、页岩气压裂液返排、设备吹扫等过程的排放速率可能较高，但持续时间相对较短。这些排放数据较高的排放源被称作“超级排放源（super emitters）”。多数超级排放源具有周期性，仅有少数超级排放源属于偶发性排放源。周期性超级排放源的排放周期也可能受多种因素的影响而变化，这就要求油气公司对主要排放源进行连续监测。此外，部分研究结果表明，相似的甲烷排放源在较长时间尺度内（如一年）的测定统计结果差异也会比较大，主要原因在于排放源的排放速率在检测时间段内存在波动[11]。

21. 油气系统中的甲烷回收利用量指的是什么?

甲烷回收利用量，主要指企业通过节能减排技术回收的工艺放空废气流中含有的甲烷，从而使这部分甲烷免于排放到大气中。甲烷回收利用量可从企业总排放量中予以扣除。

第二节 油气甲烷排放的检测与监测

22. 油气系统甲烷排放的监测方法有哪些?

从单个源甲烷排放的瞬时测量到每年甲烷排放的全球评估，甲烷的监测和排放估算是按照一定时间和空间尺度进行的。在较大的空间尺度（如全球、大陆或区域），可以通过模型转换大气甲烷浓度，以此估计来自大空间区域的甲烷排放。这种监测方法被称为“自上而下”法。“自上而下”法主要通过地面、飞机、塔台或卫星观测收集到的甲烷浓度数据与大气传输模型相结合，来估计区域排放量。这些技术发展迅速，可以有效地量化整体排放，并可以区分热成因与生物成因（牲畜、垃圾填埋、湿地等）形成的甲烷。利用车载监测器、飞机、卫星、无人机和高塔网络等手段，可以更方便地获得大空间尺度、全排放源的总量数据，并为微观数据的校准提供便利。在较小的空间尺度上，会开展对单一流程、排放点源、场站级部件等排放源的测量，这种“自下而上”的测量涵盖了更广泛、具体的排放类别，其结果会外推到区域和国家尺度。对介于点源排放和区域排放的中间尺度的甲烷排放源（如石油和天然气处理厂、垃圾填埋场、养牛场等），可选择采用“自上而下”“自下而上”或两者兼有的监测方法。

两种监测方法各有优劣。“自上而下”的估算包括所有来源的排放，但可能难以将排放归因于特定来源或来源类别。由于大气传输模式的不确定性，“自上而下”的甲烷排放估算的不确定性增加。而“自下而上”的方法提供了特定来源排放量和排放格局的信息。然而，“自下而上”的排放量清单可能并不能阐明所有的来源，造成排放来源缺失的情况，并且这些方法可能存在不确定或不准确的活动数据和排放因子[12]。

23. 油气系统甲烷排放的测量设备有哪些？

按照测量对象和范围对测量活动进行分类，可以主要分成三类。

第一类是对组件、设施的甲烷泄漏进行筛查与测量，此类测量活动的范围较小，对精度要求高。针对组件和设施的泄漏点定位及泄漏量测量活动，涉及的空间范围虽然小，但是对测量的空间精度、浓度精度要求都很高。因此，此类测量活动多采用手持设备或者小范围布设的固定传感器开展，快速而精确地测量有助于迅速定位可能发生泄漏的组件，测量得到的数据用于估算甲烷泄漏量，也可作为清单编制排放因子计算的重要参考。较为传统的针对组件和设施甲烷排放的测量方式中，美国国家环境保护局（U.S. Environmental Protection Agency，USEPA）开发的method21 测量方法较为典型。其基本原理是利用高度灵敏的气体成分测量仪，通过对待测管路进行扫描式的检测，可以发现其泄漏点；在此基础上利用数学模型可以估计其泄漏量。手持设备基于光学原理、化学原理或者声学原理开展测量。

第二类是针对一个地区，如对具有多个井口的油气生产区的甲烷排放进行测量，此类测量活动常用于初步筛选区域内的甲烷排放源，随着测量精度的逐步提升，初步筛选过程可以更快更准确地定位排放源位置，并且对排放量的估算也会越来越准确。此类测量采用的技术主要有：固定传感器组网分析技术、移动工作站技术、小型无人机技术。第二类测量活动难以做到在线检测，大多为异地检测，受到测量位置和测量手段的限制，测量数据多用于排放量估计和排放源分析。

最后一类测量则针对一个省或州甚至州际范围内的甲烷含量开展测量。针对更大范围的甲烷测量，常采用的技术有：有人驾驶的飞机搭载测量设备、甲烷监测卫星。这两种技术测量范围更大，但是测量精度更低。大范围测量常用于甲烷排放的监测。

在具体的甲烷泄漏测量工作中，三种测量手段通常会相互补充，测量结果也会相互对照，以实现对甲烷排放的更准确的估算[13]。

24. 油气系统中管道泄漏的检测方法有哪些？

（1）直接检测技术是被广泛采用的泄漏检测技术，该项技术是利用先进的探测仪器，完成对油气管道外泄漏物的直观性检测判断。其中主要包括传感光缆法、检漏电缆法、探地雷达法、红外线法等不同检测方法。

（2）间接检测技术通过对管道实际运行参数展开监测分析，相关工作人员根据监测获取的油气管道压力、流量以及温度等数据，完成对油气管道泄漏问题的科学检测分析，进而采取有效的控制管理措施。其中主要包括质量平衡法、负压波检漏法等不同检测方法[14]。

25. 甲烷监测卫星有哪些?

利用甲烷监测卫星是一种典型的“自上而下”估算甲烷排放的方法。目前，有由德国、荷兰、比利时联合研制的SCIAMACHY卫星，由日本研制的GOSAT卫星，由欧洲研制的TROPOMI（对流层检测仪）、加拿大GHGSat卫星等先后在轨工作，欧洲航天局哥白尼计划的一部分Sentinel 5P卫星，以5 km×7 km的分辨率提供全球甲烷浓度的数据；GHGSat卫星每天覆盖的面积小，但可以提供非常精细的空间分辨率（大约50 m×50 m）和更低检测阈值的数据；由意大利航天局运营的PRISMA卫星可以30 m×30 m的分辨率提供数据[1]；还有MERLIN、COOL、MethaneSAT等卫星或监测计划正在研发进程之中。以上卫星搭载的设备包括扫描成像式吸收光谱仪、碳观测用热红外与近红外传感器－傅里叶变换光谱仪、推扫式成像光谱仪、法布里－珀罗成像光谱仪、成像光栅光谱仪等，基本依据短波红外线反射技术（SWIR），其中MERLIN卫星利用自带激光器产生红外信号，其他则采用太阳光作为自然本底信号。总体上，卫星测量的空间分辨率和柱浓度精度不断提升，部分卫星测量精度已经可以和地面开展的测量达到同一水平。美国环保协会（Environmental Defense Fund，EDF）独立下属机构计划于2023年发射升空的MethaneSAT可以达到在1 km×1 km范围内1.8 ppb的测量水平[13]。

1 https://www.iea.org/reports/methane-tracker-2021/improving-methane-data-focus-on-the-role-of-satellites#abstract.

26. 甲烷监测卫星的局限性有哪些？

现有的卫星不提供赤道地区、北部地区（这些地区经常被积雪覆盖）或海上作业的测量服务。这意味着在很多主要生产区域（如经常被积雪覆盖的区域），卫星无法直接检测到甲烷排放。

现有的卫星应该能够每天提供在全球范围内的甲烷的数据，但是由于受云层覆盖和其他天气条件的影响，这并非总是可行的。

卫星为超级排放点提供数据，但它们可能无法捕获小规模的排放源。例如，有缺陷的组件，这些排放源可能会贡献较大排放量。

根据甲烷的大气浓度变化来估算特定排放源的过程可能会依赖大量辅助数据，并且存在高度不确定性[1]。

第三节　油气甲烷排放的核算方法

27. 油气系统甲烷排放的估算方法有哪些？

油气系统甲烷排放的估算方法分为自下而上法和自上而下法。两种估算方法存在系统差异，在对同一地区的天然气系统进行估算时，自上而下估算量一般大于自下而上估算量[15]。

---

1 https://www.iea.org/reports/methane-tracker-2021/improving-methane-data-focus-on-the-role-of-satellites#abstract.

28. 油气系统甲烷排放的自上而下估算方法指的是什么?

自上而下估算方法是使用卫星、飞机或无人机等设备测量大气中的甲烷浓度。主要特征是通过环境测量、天气条件和模型来推断特定设施或区域的甲烷排放量。确定油气系统甲烷排放量的方法有两种：一种为遵循质量守恒，用总量减去非油气系统排放源的排放量；另一种为应用碳同位素标记法或反演模型来确定油气系统的排放占比[9]。

29. 油气系统甲烷排放的自下而上估算方法指的是什么?

自下而上估算方法是首先确定油气系统中各个环节甲烷排放源的排放因子和活动水平，然后采用二者的乘积及汇总来估算设施级、地区级或国家级的排放量[16]。

30. 目前油气系统甲烷排放清单编制的依据有哪些?

2001 年以来，国际石油工业环境保护协会（IPIECA）、国际油气生产商协会（IOGP）和美国石油协会（API）基于《2006 年 IPCC 国家温室气体清单指南》及《温室气体协定书：公司统计和报告标准》，先后联合开发了《石油和天然气工业温室气体排放估算纲要（2001；2004；2009）》以及《石油工业温室气体排放报告指导方针（2003；2011）》；

2003 年，加拿大石油生产商协会（CAPP）制定了《石油工业温室气体排放估算指南》[17]；

2009 年，美国国家环境保护局（USEPA）依据 API 指导方针和 API 纲要制定了《温室气体报告指南》[17]；

2014 年，中国国家发展和改革委员会发布了《中国石油天然气生产企业温室气体排放核算方法与报告指南（试行）》；

IPCC 编制了《1996 年 IPCC 国家温室气体清单指南》《2000 年 IPCC 国家温室气体清单优良作法指南》《2006 年 IPCC 年国家温室气体清单指南》《IPCC 2006 年国家温室气体清单指南 2019 修订版》。

31. IPCC 指南中油气系统甲烷估算有哪些方法？

IPCC 指南中国家温室气体清单编制采用自下而上的估算方法。根据《IPCC 2006 年国家温室气体清单指南 2019 修订版》，油气系统甲烷排放的估算方法分为三个层级。

第一层级方法是最简单的方法，是基于已有的活动水平（如能源统计机构数据）和 IPCC 数据库推荐的缺省排放因子计算排放量。

第二层级方法与第一层级方法采用的活动水平数据相似，但是排放因子采用特定国家的排放因子，能够更为真实地反映排放源排放情况。

第三层级方法是最高层级的方法，是对基本排放源（如泄漏、火炬燃烧、工艺放空排放和事故排放等）自下而上地详细测量和对排放模型的模拟分析。

32. IPCC 指南计算油气系统甲烷排放的方法如何选择？

检查第三层级方法所需的详细数据是否容易获取，如果容易获取，就选用第三层级方法（无论该类别是否为关键类别以及子类别是否数量很大），如果不易获取，则选用其他方法。

检查第二层级方法所需的详细数据是否容易获取，如果容易获取，就选用第二层级方法，如果不易获取，则选用其他方法。

根据 IPCC 指南关于关键和重大的定义，检查该类别是否关键以及要考虑的特定子类别是否重大，如果是，就返回上一步并收集第二层级方法或第三层级方法所需的数据；如果子类别数量不大，则选用其他方法[3]。

33. IPCC 指南计算石油系统生产部分产生的甲烷排放还有什么方法？

质量平衡法作为备选方法可用于估算石油系统生产部分产生的放空和火炬燃烧排放量，它包括采用特定国家生产量、油气比例（GOR）、气体构成和关于气体保存水平的信息。

此方法适用于下述情况：可靠的放空值和火炬燃烧值不可获，但可获代表性 GOR 数据，放空和火炬燃烧排放预期是甲烷排放的主要来源（大部分相关气体生产不被捕获 / 保存或利用）[3]。

34. 油气系统中事故火炬甲烷排放如何估算？

目前，中国油气生产企业由于事故导致的火炬气燃烧一般无具体监测手段，直接获取火炬气流量数据非常困难，建议以事故设施通往火炬的平均气体流量及事故持续时间为基础估算事故火炬燃烧量，进而根据燃烧效率估算事故火炬燃烧的甲烷排放量[5]。

35. 油井套管放空甲烷量如何估算？

油田伴生气是天然气的一种，富含甲烷等温室气体。油气开采过程中，伴生气常与原油一起被采出，其中一部分通过井口套管逸散到大气中。采油过程中，当井底压力低于原油泡点压力时，原油中溶解的伴生天然气逸出，积聚在油套环形空间，形成套管气。当套管压力较高时，动液面会大幅下降，对采油环节造成较大影响。套管气传统的处理方式是回收或直接放空到大气中。由于各油田成油条件、地质条件和原油质量不同，套管气的数量和成分变化很大。套管气排放核算最准确的方式是对套管放气时进行在线流量监测，但是在线监测耗时耗力，对现场生产来说并不现实。由于同一个油田区块的地质结构和原油性质类似，油井的套管气数量和成分相差不大。因此可以通过对目标区块的油井套管气排放进行抽样监测，利用监测得到的平均排放因子去估算目标区块油井套管放空温室气体的量[7]。

第四节 典型国家油气甲烷排放的核算

36. 美国油气行业甲烷排放核算现状如何？

USEPA 于 2009 年 10 月第一次发布温室气体强制报告规定（Greenhouse Gas Reporting Program，GHGRP），要求年排放 2.5 万 t 二氧化碳当量以上的油气生产区块进行数据上报，并于 2010 年 11 月 30 日正式发布联邦级法规（CFR Subpart W-Petroleum and Natural Gas Systems），强制要求油气生产企业按照美国石油地质协会（American Association of Petroleum Geologists，AAPG）对油气生产盆地的定义，以生产区块（facility level）为单位上报企业级温室气体排放数据。这一强制报告制度要求油气生产企业通过甲烷排放检测，或以设备组件数及设备活动水平计算甲烷排放量。针对油气开发过程中不同组件的排放因子，分别参照了美国石油协会（API）及相关科研机构、公司在前期开展的研究。此外，USEPA 在《联合国气候变化框架公约》下按照《2006 年 IPCC 国家温室气体清单指南》每年编制国家温室气体排放清单，称为编制国家温室气体排放清单（GHGI，Greenhouse Gas Inventory）[18]。

37. 加拿大油气行业甲烷排放核算现状如何?

加拿大按照《2006年IPCC国家温室气体清单指南》中第三层级（Tier 3）方法编制国家温室气体清单，在设施级别上基于严格的自下而上数据，对油气系统中的甲烷排放分排放环节和排放源类型，对特定年份如2005年、2011年等的数据进行核算，而在其余年份则使用内插方法进行估算。2018年，加拿大已完成2016年度温室气体排放数据的核算提交，根据该年统计结果，使用排放因子计算法作为温室气体核算方法的数据占63%，其次为物料衡算法，占比16%。在排放因子确定过程中，主要依照平均逃逸排放检测结果、经验公式回归、过程模拟计算、能源消耗与生产数据结合及企业报告的排放数据等进行逐个核定[18]。

38. 澳大利亚油气行业甲烷排放核算现状如何?

澳大利亚实施国家温室气体及能源报告行动（National Greenhouse and Energy Reporting Act），要求油气生产者对生产过程中的温室气体排放进行汇总上报，相关检测、核算排放的方法在2008年发布。在排放因子上，澳大利亚在气体处理、冷放空、气动阀门、化学注剂泵、非正常工况排放等部分借鉴了美国石油协会的标准，部分排放因子依照澳大利亚温室气体信息系统（Australian Greenhouse Emissions Information System）中企业上报数据进行修正，在温室气体数据报告中做到了不同行业每季度进行公开发布[18]。

39. 中国提交的包含油气系统甲烷排放的清单有哪些？

2004 年提交的《中华人民共和国气候变化初始国家信息通报》包含了 1994 年温室气体排放清单；

2012 年提交的《中华人民共和国气候变化第二次国家信息通报》包含了 2005 年温室气体排放清单；

2017 年提交的《中华人民共和国气候变化第一次两年更新报告》包含了 2012 年温室气体排放清单；

2018 年提交的《中华人民共和国气候变化第三次国家信息通报》包含了 2010 年温室气体排放清单；

2019 年提交的《中华人民共和国气候变化第二次两年更新报告》包含了 2014 年温室气体排放清单。

40. 中国已公布的油气系统甲烷排放清单参考了 IPCC 哪一层级方法？

天然气开采和输送及常规原油开采采用第三层级方法；

油气系统甲烷逃逸的其他子领域则采用第一层级方法。

41. 中国已公布的油气系统甲烷排放清单中排放量分别是多少？

目前，中国提交的 5 份国家温室气体清单中，油气系统甲烷排放量分别为 12.4 万 t（1994 年）、21.8 万 t（2005 年）、96.4 万 t（2010 年）、111.9 万 t（2012 年）、112.7 万 t（2014 年）。

42. 中国已公布的 2014 年甲烷排放清单中每个环节的排放量占比分别是多少？

2014 年，天然气开采环节占比 60.3%；天然气输送环节占比 18.2%；稠油开采环节占比 5.9%；常规原油开采环节占比 5.0%；天然气加工处理环节占比 4.4%；其余环节占比 6.3%[19]。

43. 美国油气系统中各个环节的甲烷排放占比分别是多少？

2018 年，美国油气系统中，石油系统甲烷排放占比 21%，天然气系统甲烷排放占比 79%。其中，天然气生产环节占油气系统甲烷总排放的 46%，天然气运输与储存环节占比 19%，石油的生产环节占比 20%，其中以气动控制器排放为主[20]。

44. 全球油气系统甲烷排放的历史特征如何？

1990—2015 年，全球的天然气生产增长了 70%，原油生产增长了 33%。但是由于油气行业对甲烷减排的努力，甲烷排放强度有所下降。根据 USEPA 的估算，1990—2015 年，全球油气系统甲烷排放量增长了 15%，主要来自非洲和中东国家，这些国家的排放在这期间增长了 1 倍[21]。IEA 的估算显示，2020 年全球油气系统甲烷排放量为 72 Mt。石油系统约占甲烷排放量的 40%，而天然气系统占余下的 60%。上游石油和天然气运营贡献了排放总量的四分之三以上。在生产石油和天然气的国家中，甲烷的排放强度差异很大。同时，根据 2020 年的年度数据，IEA 估计表现最差的国家的排放强度是表现较好的国家的排放强度的 100 倍以上，强调了许多国家具有较大的甲烷减排潜力[1]。

45. 全球油气系统甲烷排放的未来趋势如何？

根据 USEPA 的估算，2015—2030 年，全球油气系统的甲烷排放将增加 8%，排放量位居前五的国家分别是俄罗斯、美国、伊朗、乌兹别克斯坦和加拿大。根据估算数据，2015 年和 2030 年排放量前十的国家中有 4 个国家来自 2020 年石油和天然气产量的前十名的国家之中。俄罗斯拥有大量的石油和天然气资源，但基础设施的质量普遍较差，因此俄罗斯的排放量有很大可能增加。由于油田采收率的提高以及非常规

1 https://www.iea.org/reports/methane-tracker-2021.

油生产（如油砂、页岩油等），美国和加拿大的石油产量也将会有所增加。天然气消费的增加将会带动未来油气系统排放量的增加[21]。

在 IEA 可持续发展方案中，要求全球未来 10 年的油气系统甲烷排放量持续稳定下降，到 2030 年，甲烷排放量将比 2020 年减少约 70%[1]。

1 https://www.iea.org/reports/methane-tracker-2021.

第三章

油气甲烷
减排技术与实践

第一节　油气甲烷减排技术概述

46. 目前油气行业甲烷减排技术指导资料主要有哪些?

USEPA 推荐了油气甲烷伙伴关系（OGMP）已经进行的 72 项技术或最佳减排实践，覆盖压缩机 / 发动机（13 项）、脱水机（11 项）、直接检查和维护（5 项）、管道（11 项）、气动 / 控制（5 项）、储罐（6 项）、阀门（5 项）、井口（8 项）及其他（8 项）等油气系统的甲烷排放源，涉及生产、加工处理、输送、分配等环节。投资回收期在 1 年以内的甲烷减排技术占到了 61%，投资回收期在 1 ～ 3 年的甲烷减排技术占到了 36%[22]。

世界领先的油气企业、国际机构、非政府组织和学术界共同发起“甲烷减排指导原则”（MGP）伙伴关系。MGP 提供了两个最佳实践工具包：差距评估工具和甲烷成本模型，其中甲烷成本模型为用户提供了筛选工具，方便在整个天然气供应链中识别和评估潜在的甲烷减排项目。针对天然气行业提供了工程设计与施工、火炬燃烧、能源利用、设备泄漏、放空、气动设备、运营维修、持续改进、储运等多个模块的最佳实践指南，总结了各模块已知的减排措施、成本和现有技术。

47. 油气生产环节的甲烷减排技术有哪些？

油气生产环节的主要排放源为井口、脱水器、分离器、采集线和气动装置，可以采用的减排技术包括绿色完井技术、柱塞举升系统技术、三乙二醇脱水排放控制技术、干燥剂脱水技术、离心式压缩机干密封技术、活塞杆密封技术、气动控制器技术、管道维修技术、蒸汽回收装置技术、泄漏监测与修复技术[23]。

48. 油气加工环节的甲烷减排技术有哪些？

油气加工环节的主要排放源为压缩机、配管、气动装置和加工设备，可以采用的减排技术包括三乙二醇脱水排放控制技术、干燥剂脱水技术、离心式压缩机干密封技术、活塞杆密封技术、气动控制器技术、管道维修技术、蒸汽回收装置技术、泄漏监测与修复技术[23]。

49. 油气储运环节的甲烷减排技术有哪些？

油气储运环节的主要排放源为压缩机站、气动装置、管道维修、事故和脱水器，可以采用的减排技术包括三乙二醇脱水排放控制技术、干燥剂脱水技术、离心式压缩机干密封技术、活塞杆密封技术、气动控制器技术、管道维修技术、蒸气回收装置技术、泄漏监测与修复技术[23]。

50. 油气分销环节的甲烷减排技术有哪些？

油气分销环节的主要排放源为门站、地下非塑料管道（铸铁管为主）和第三方损坏，可以采用的减排技术包括管道维修技术、泄漏监测与修复技术[23]。

51. 油气回收技术有哪些？

从原理上来说，目前油气回收技术分为四种：吸收法、吸附法、冷凝法、膜分离法。这四种方式各有优缺点及适用范围，不同工艺具有不同的优缺点和适用范围。因此在实际工作中，对于油气回收要求高的场合，往往采用组合工艺进行油气回收。常见的组合工艺有冷凝－吸附组合工艺、吸收－膜分离组合工艺、冷凝＋膜分离＋吸附组合工艺等[24]。

52. 海上油田伴生气如何进行回收利用？

通过在平台空余甲板区域新增天然气液化储存系统、加注系统，将平台生产期间富余的伴生气液化处理成合格的液化天然气（LNG）产品，LNG 储存于 LNG 储罐内，通过加注系统向海上 LNG 动力海洋石油支持船进行燃料加注，形成现役海上生产平台＋天然气液化、加注系统＋LNG 动力海洋石油支持船的工程模式[25]。

53. 火炬燃烧的甲烷减排实践方法有哪些？

火炬燃烧的减排策略因不同的生产情况而异，从源头杜绝多余天然气产生是最理想的方法；大多时候企业难以做到这一点，因为井站已经建设完成，当多余天然气产生后，企业可以对天然气进行回收利用，避免将天然气送往火炬焚烧；如果不得不将天然气送往火炬焚烧，企业也并非束手无策，可以通过提高焚烧效率，尽量减少甲烷排放。具体的减排策略如下。

设计油井时添加二级分离器：产生凝液或原油的上游井站将液化烃从加压分离器输送到非加压冷凝罐中。甲烷会从罐中的液体“闪蒸”出来，并可能被送到火炬焚烧。通过在现场安装二级分离器，可以大大减少这种“闪蒸气”的燃烧。

在试井和完井阶段减少火炬焚烧：新的钻井完成后，正式投产之前还需要实施完井。在完井过程中，在将油气井连接到天然气管线之前，要回收钻屑、沙子和压裂液。此过程可能导致在完井过程中回流的气体被排空或者需要被送往火炬焚烧处理，因此减少回流气体可以实现减排。现在，美国和加拿大等许多国家和地区要求“绿色完井”或“减排完井”，即在完井过程中使用分离器来收集原本直接排空的气体。收集到的气体无论是用于销售还是送往火炬焚烧处理，都将实现减排（与原来的直接排空相比）。

压缩天然气并使用公路运输：企业可将原本可能会送往火炬焚烧的气体进行处理，去除水、硫和二氧化碳，然后在现场压缩，转化为压缩天然气（CNG）。通常必须对CNG进行深加工，以便适应管道运输，因此可以通过公路运输送到天然气加工厂。

回收天然气凝析液（NGL）：从气体中回收天然气通常也可以使用回收NGL的方法。NGL回收系统包含从简单膨胀阀系统到复杂低温技术等一系列内容。系统的选择取决于气体的NGL含量和NGL的最终用途。

将天然气注入油气藏进行储存：可以将天然气注入原本的油藏或其他油藏，在减排的同时增加石油产量。2015年，全球回注了约4 955亿m^3的天然气，远超全球燃烧的天然气总量（约1 450亿m^3）。天然气回注业务在世界各地分布不均，大部分回注业务集中在阿尔及利亚、加拿大、伊朗、哈萨克斯坦、挪威、美国、阿联酋和委内瑞拉。该策略的有效性取决于具体的油藏条件。

利用天然气发电：燃气轮机和往复式发电机可以将天然气能源转化为电能。尽管有30～250 kW的微型涡轮机，但典型涡轮机的运行规模为0.2～10 MW。电力可以在现场为其他设备（包括控制器、泵和空气压缩机）供电，也可以出售到电网。

提高人工调节蒸汽/空气助燃火炬的焚烧效率：如果将气体送往火炬焚烧无法避免，那么尽可能提高燃烧效率，可以将甲烷排放量降至最低。火炬的设计主要取决于气体的流量和变化。燃烧大量气体的火炬通常设计有空气助燃或蒸汽助燃的装置，可在燃烧区提供额外的氧气。增加进入火炬燃烧区域的空气或蒸汽的流量可以减少烟雾的形成，但是如果增加的空气或蒸汽过多，火炬的效率可能会下降。有一项针对流量气体火炬的研究表明，火炬运行要实现接近完全燃烧（＞98%）的工况，同时最大限度地减少烟雾形成，需要非常仔细地控制助燃空气和蒸汽的流量。

提高无人井站小火炬的焚烧效率：大多数小火炬位于无人值守的上游井站。这些火炬旨在处理小流量气体和异常操作。如果火炬的火焰熄灭且无法重新点燃，火炬就会变成一座排气筒，导致处理效率低下。尽管许多小火炬通过使用长明火或带有火焰监测器的点火器来防止火焰熄灭，但是长明火通常需要单独的稳定气流，点火器则需要电源，因此保证火炬的火焰不熄灭存在一定难度[26]。

54. 适合偏远地区使用的油气系统甲烷减排的微型设备有哪些？

微型轮机、小型 CNG、小型天然气制油（GTL）或小型 LNG 设备。这些设备通过收集气体供给现场设备、周围居民区、卡车或铁路运输使用，从而避免排放和燃烧[22]。

第二节 油气甲烷减排技术介绍

55. 伴生气、套管气回收技术指的是什么？

原油和凝析液在储存和转输过程中，包含大量甲烷气体的轻烃组分将蒸发并排放到大气中。一部分轻烃组分还通过操作损耗和小呼吸损耗的形式进入大气。在储罐上安装蒸汽回收装置可经济有效地回收这部分排放的气体。据测算，安装1套蒸汽回收装置可回收大约95%的轻烃蒸汽。在油气生产过程中，油套环空中聚集的套管气通常也被直接放空。回收套管气的一种方法是用小直径管线将套管放空口直接连接到蒸汽回收装置上进行回收，减少甲烷排放；另一种方法是在井口安装压缩机，将套管气进行增压后直接输入集气管线中[4]。

56. 天然气系统的LDAR技术指的是什么？

LDAR技术（leak detection and repair，泄漏检测与修复），是通过对天然气行业的基础设施潜在泄漏点进行检测，及时发现存在泄漏问题的部件，并进行修复或替换，进而减少或消除甲烷排放。LDAR技术可应用于整个天然气供应链，根据组件类型的不同有不同的实施频率。目前油气上游LDAR技术的实施频率通常分为季度检测和半年度检测。季度检测多涉及气动泵、压缩机、阀门等设备，半年度检测则多为法兰、接头、连接件等设备。不同生产环节的LDAR技术实施成本也有差异，由于生产装置、压缩机比较集中，在上游环节实施LDAR技术成本效益更高；中游储运环节由于压缩机比较分散，实施LDAR技术需要的时间则更长。

57. 绿色完井技术指的是什么？

气井钻井或修井后，一般需要经过排液才能投产。通常做法是开井敞喷，产出气体被直接烧掉或放空。解决这个问题的一种方法是在井场配备 1 套便携式气－液－砂分离器和 1 台便携式脱水器，将大部分初始采出气净化到满足销售标准的气体后回收利用。对于低压气井，还需要配备 1 台便携式压缩机，从输气干线中吸入气体并注入井中，提高气井流动能力，将采出气增压后送入输气干线，直至井内液相、固相排完为止。这种技术称作“绿色完井”，该方法可极大地减少气井排液投产过程中的甲烷排放量[4]。

58. 管线减排技术指的是什么？

在天然气储运和分销系统，经常需要更改或扩建管线、安装新阀或维修旧阀、进行管线维护和复强等。在作业过程中，为了确保工作环境的安全，通常做法是先关闭部分管线，然后将该段管线中的天然气放空， 最后再进行管线作业。这个过程将导致大量甲烷气体被排放到大气中。管线不停输开孔技术、在线复合材料复强修复技术等替代技术能在不关闭管线系统和不放空天然气的情况下完成管线修复作业，达到减少甲烷排放、避免中断管线运行以及减少维修费用的目的。除上述管线减排技术外，也可以在管线放空之前利用抽空技术来降低管线压力，达到减少甲烷排放的目的。采用管线抽空技术时，根据场地情况，作业者可以单独使用在线压缩机或将在线压缩机和便携式压缩机一起使用。使用在线压缩机由于不需要再增加其他设备，因此在经济上比较划算。据测算，单独使用在线压缩机时能够将管线压力降低 50%，如果与便携式压缩机一起使用，则可以将管线压力降低 90%[4]。

59. 压缩机减排技术指的是什么？

天然气系统中广泛使用往复式和离心式压缩机对天然气进行增压。当压缩机工作或停机时，这两种类型的压缩机都存在潜在的甲烷排放问题。据估计，通过更换旧的、效率低的压缩机，可以从该系统中减少 90% 的甲烷排放量。此外，许多压缩机使用油封系统（称作湿封），尽管这种系统的密封性能良好，但密封油会吸收甲烷气体，为了保持密封油的黏度和润滑性，需要对密封油进行脱气处理，脱出的气体通常会直接排放到大气中。采用干封系统能很好地避免压缩机密封系统的甲烷排放问题。当压缩站进行维护作业或出现事故时，通常的做法是将压缩机中的高压天然气直接放空。通过以下措施可显著地减少压缩机停机放空时的甲烷排放量：将压缩机保持在高压状态；将压缩机保持在高压状态并将放空管线连接到燃气系统上；将压缩机保持在高压状态并在压缩机活塞杆上额外安装 1 套静密封装置[4]。

60. 脱水器减排技术指的是什么?

为了满足管线外输的质量要求，在生产和处理部门中的许多天然气脱水系统常使用甘醇来去除天然气中的水分。甘醇会吸收甲烷、挥发性有机化合物（VOC）和有害空气污染物（HAP）。在甘醇再沸器中，这部分吸收的气体将被排放到大气中。减少脱水系统中甲烷排放的方法有优化甘醇循环速度；在脱水器上安装闪蒸罐分离器；用干燥剂脱水器代替甘醇脱水器；用电动泵替换气驱甘醇泵；改变甘醇撇油器的气流通道；用分离器和在线加热器代替甘醇脱水器；使用零排放脱水器；使用便携式干燥剂脱水器等[4]。

61. 气井排液技术指的是什么?

井筒积液可能导致气井停产。传统的气井排液方法（特别是放空作业）将向大气中排放大量的甲烷气体。柱塞举升系统是取代井口放空的一种经济有效的气井排液方法，它能显著地减少气体损失、避免或减少修井作业并提高气井产能。柱塞举升系统中，气体是在井口被收集起来并进入集气管线的，而不是直接排放到大气中。该系统可以以固定工作周期或预设工作压差的方式进行工作，也可以采用智能的自动化系统进行操作[4]。

62. 离心式压缩机湿式密封脱气回收系统指的是什么?

离心式压缩机主要作用是将各个气井的不同压力和成分的天然气进行汇集、平压，再集中输送到净化厂进行处理。压缩机工作过程中通过旋转轴周围的密封件来防止高压气体逸出。密封件可以是使用油作为屏障的湿式密封件，也可以是使用干式密封技术的干式密封件。大量的离心式压缩机使用的是湿式密封件。湿式密封件利用密封油在压缩机机旋转轴周围的环之间循环，形成防止气体泄漏的屏障。在运行过程中，天然气会污染密封油，在再循环之前，密封油必须去除天然气（主要是甲烷），这个过程称为密封油“脱气”。离心式压缩机湿式密封脱气回收系统通过将天然气与密封油分离，并将其送回压缩机，将其作为高压涡轮燃气或加热器/燃烧器的低压燃气使用，减少了离心式压缩机密封油脱气产生的甲烷排放。[22]

63. 三乙二醇脱水排放控制技术指的是什么?

三乙二醇（TEG）脱水器通常用于去除天然气中的水分，将甲烷排放到大气中。通过对 TEG 脱水系统进行改造，控制甲烷排放，优化脱水过程，可以将甲烷排放量降至最低[27]。

64. 干燥剂脱水技术指的是什么？

为了在不排放甲烷的情况下去除气体中的湿气，干燥剂脱水器将气体通过吸水盐床（干燥剂）进行干燥。当水分被吸收时，只有少量的甲烷会间歇地释放出来[27]。

65. 离心式压缩机干密封技术指的是什么？

在油气行业，干密封技术可以用于减少离心式压缩机的气体排放，从而有效地将气体通过管道输送。目前大多数新型离心式压缩机都配有干密封设备，使用气体来制造高压屏障，防止甲烷泄漏[27]。

66. 活塞杆密封技术指的是什么？

活塞杆密封技术是通过更换磨损的填料（往复压缩机的重要密封元件），作为改进压缩机维护方式的一部分，以防止甲烷泄漏[27]。

67. 气动控制器技术指的是什么？

气动控制器可以控制压力、气体流量、液位，自动操作阀门。气动控制器正常运行时会将部分甲烷释放到大气中。通过将高排气量控制器替换为低排气量控制器或无排气控制器、采用减少排气量组件进行改造、将基于甲烷的气动系统转换为基于空气的气动系统等技术，可以减少甲烷的排放量[27]。

68. 烃蒸气回收装置技术指的是什么？

含有天然气或天然气液（凝析油）的原油有时储存在储罐中，在液体搅拌、运输或混合时，甲烷会从容器中逸出。蒸气回收装置由洗涤器、压缩机和阀门组成，可以将从液面挥发的甲烷重新回收，回收率可达95%[27]。

69. 管道维修技术指的是什么？

当管道被修复、更换或切断以安装新的连接点时，通常会有部分甲烷释放到大气中。当系统仍在运行且发生管道破裂等情况时，管道维修技术可以通过连接一根新管道来减压并将天然气输送到附近的低压燃料系统来减少甲烷的排放量[27]。

70. 柱塞举升系统技术指的是什么？

液体在井筒内积聚时，使用时间较长的老气井就会逐渐减缓流动速度，当操作人员打开气井清理液体并恢复气体流动时，会释放出一定量的甲烷。柱塞举升系统是一种在不排放甲烷的情况下排除液体并保持气体流动的方法，可以延长气井的生产寿命[27]。

71. 抽吸降压减排技术指的是什么？

在管道检修、抢险放空前，先对管段内压力较高的天然气进行自流式利用，当压力降到不能自流时，采用抽吸降压方式对其进行回收利用。采用抽吸降压，可以大大减少管道内天然气（甲烷）放空量[28]。

72. 定压放气阀套管气集气技术指的是什么？

通过充气装置给波纹管结构施加预紧力，使球形顶针与阀座之间具备开启的动力，即井口定压放气阀的开启力。当井内套管压力大于开启力时波纹管结构压缩，球形顶针与阀座之间打开，气体进入阀体，在油气压力下进而打开单流部分的椎体，进入输油管线。当井内套管压力小于开启力时，球形顶针与阀座之间始终关闭[29]。

73. 甲烷营养生物过滤器（MBFS）指的是什么?

生物过滤作用是一种节省成本的技术，它可以去除受污染气流中的环境污染物。利用生物过滤作用处理甲烷则是一种相对比较新的技术。甲烷生物过滤器使用多孔介质中的甲烷营养物将甲烷氧化成二氧化碳。气体经过生物过滤器介质，然后进入大气，涉及两种主要作用：浓度梯度引起的扩散和压力梯度引起的对流。决定气体迁移穿过过滤器介质的因素包括过滤器介质的性质，生物过滤器的结构、温度、湿度和环境因素（如风和雨）等。降水量直接影响过滤器介质的湿度分布。此外，甲烷营养活动过程中产生的二氧化碳可以溶解于水，并作为流出液从系统中迁出。这一过程改变了气体混合物的成分，从而影响着气体流动，而且也降低了系统的pH。甲烷营养物适合的温度范围为10～35℃[28]。

第三节　油气甲烷减排技术原理

74. 更换压缩机活塞杆或密封条为什么可以实现油气行业的甲烷减排?

在石油和天然气供应链中，通常使用两种类型的压缩机将产品输送到系统中，分别是往复式压缩机和离心式压缩机。往复式压缩机通过气缸内组件的往复运动实现气体的增压。往复式压缩机随着密封老化，泄漏的可能性也会增加，因此，更换活塞杆可以实现甲烷减排。离心式压缩机利用旋转的涡轮对气体加压。离心式压缩机需要两端密封，以防止气体泄漏。由于湿密封条在压力下会吸收石油和天然气，这可能是甲烷排放的一个来源，因此必须对湿密封条进行除气，并将捕获的气流回收到压缩机或用作燃料气体，还可用干密封条代替。

75. 安装火炬燃烧设备为什么可以实现油气行业的甲烷减排？

在油气系统中，尽管火炬燃烧仍然是甲烷排放的一个来源，但它比直接排空造成的甲烷排放更少。燃烧设备可以安装在石油和天然气生产现场，释放甲烷的设备可以将甲烷传递到燃烧设备上。IEA 甲烷减排成本曲线中的“安装燃烧设备”包括两种：安装便携式设备（对个别环节中排放的甲烷进行燃烧）；现有设备收集（将甲烷从某些设备运送到现有燃烧设备中）[22]。

76. 安装烃蒸气回收装置为什么可以实现油气行业的甲烷减排？

烃蒸气回收装置（vapour recovery units，VRU）是小型压缩机，旨在收集石油和天然气供应链中的设备累积的排放物。例如，VRU 可以帮助储罐排空累积的油气[30]。

77. 废气收集为什么可以实现油气行业的甲烷减排？

设备泄压时，可能会在井口或供应链的其他地方产生废气，收集这部分废气后，可在现场使用或运输到销售线，从而减少了甲烷排放 [30]。

78. 安装柱塞设备为什么可以实现油气行业的甲烷减排？

在生产井的使用寿命内，需要定期清理井下液体，来保持产品的流动性（通常称为卸载液体）。传统做法是油井操作员打开油井并排放甲烷，通过泄压提取液体。安装柱塞设备可以提高效率，同时限制甲烷排放。当积存的液体产生压力时，就会推动柱塞，柱塞在它的尾流中吸入气体和液体。如果通过抽回柱塞达到了一定的压力阈值，则气体可以直接进入销售管线而不需要排气 [30]。

79. 使用电动马达启动器为什么可以实现油气行业的甲烷减排？

在天然气行业中，压缩机、发电机和泵的内燃机经常通过小型燃气膨胀涡轮机马达启动器进行启动。当压缩机运行时，高压天然气储存在容量罐中，加压气体膨胀通过启动器中的涡轮带动发动机启动，然后排到大气中。利用电动马达启动器，类似汽车引擎马达启动器，可以避免甲烷排放[22]。

80. 将放空天然气注入低压管线为什么可以实现油气行业的甲烷减排？

当出于运行或维护目的而停止使用压缩机和/或管道段时，通常的做法是将天然气减压后释放到大气中。通过将气体连接到附近的低压燃料或产品系统以降低压力，可以减少甲烷排放。出于运行考虑，存在多种选择来执行此操作。特别是，可以利用连接高压和低压系统之间的现有管道的优势，在维护之前临时重置或绕过压力调节器以降低系统压力，或在高压和低压系统之间安装临时连接，将气体引导至低压系统[22]。

第四章

油气甲烷减排行动

oil gas CH_4

第一节 全球尺度的行动

81. 全球性的油气甲烷减排自愿性减排组织有哪些？

全球甲烷行动计划（Global Methane Initiative，GMI）、油气行业气候倡议组织（Oil and Gas Climate Initiative，OGCI）、减少全球天然气燃除伙伴关系（Global Gas Flaring Reduction Partnership，GGFR）、2030 年实现零常规燃除倡议（Zero Routine Flaring by 2030）、油气甲烷伙伴关系（Oil and Gas Methane Partnership，OGMP）、甲烷减排指导原则（Methane Guiding Principles，MGP）、全球甲烷联盟（Global Methane Alliance，GMA）、国际甲烷排放平台（International Methane Emission Observatory，IMEO）。

82. 全球甲烷行动计划是什么？

全球甲烷行动计划（GMI）是一项自愿性质的多边合作计划，旨在促进甲烷回收和利用，控制甲烷排放。为实现这一目标，GMI 创建了一个由合作伙伴政府、私营部门成员、开发银行、大学以及非政府组织组成的国际网络，通过该网络进行评估、增强能力、建立合作关系和共享信息，从而促进合作伙伴国家甲烷减排项目的开发。GMI 于 2004 年发起，目前已有 45 个成员国和 700 多个项目网络伙伴，中国是首批

14 个签约成员国之一。GMI 主要针对石油天然气、沼气和煤矿瓦斯三大领域的甲烷减排；重点关注五大主要排放来源：农业（粪便管理）、煤矿、城市固体废物、城市污水以及石油和天然气系统；与其他国际组织和协定相互配合，如气候和清洁空气联盟（CCAC）、联合国欧洲经济委员会以及《联合国气候变化框架公约》，共同促进温室气体的减排[1]。

83. 油气行业气候倡议组织是什么？

油气行业气候倡议组织（Oil and Gas Climate Initiative，OGCI）成立于 2014 年，是由 12 家全球有影响力的油气企业结成的组织，旨在“建立一个主动、专注、多样的，为应对气候变化挑战提供新方式的企业联盟”。围绕甲烷减排、二氧化碳捕集利用与封存（CCUS）两个主要目标，OGCI 开展了一系列政策研究、监控计划，并进行了技术投资研发，制定了到 2025 年成员企业上游天然气和石油业务的平均甲烷排放强度降低到 0.25% 并力争达到 0.20% 的目标（2019 年年底公布的强度为 0.23%）。OGCI 的现成员包括英国石油、雪佛龙、埃尼、艾奎诺、埃克森美孚、西方石油公司、巴西国家石油公司、雷普索尔、沙特阿拉伯国家石油公司、壳牌和道达尔等石油巨头。中国石油天然气股份有限公司也是该组织成员之一[2]。

1 https://www.globalmethane.org/.
2 https://oilandgasclimateinitiative.com/.

84. 减少全球天然气燃除伙伴关系是什么？

世界银行的减少全球天然气燃除伙伴关系（GGFR）是一个多方捐助信托基金，由各国政府、石油公司和多边组织组成，致力于终止全球石油生产基地的常规火炬燃烧。该伙伴关系通过制订针对特定国家的火炬燃烧减少计划，进行研究，分享最佳实践，提高认识，增加全球对结束火炬燃烧的承诺以及推进火炬测量和报告的方式，帮助提供减少火炬燃烧的技术支持和解决法规障碍。

GGFR、OGCI 和佩恩研究所（科罗拉多矿业学院）合作开发了一个全球火炬在线平台。通过开发一个透明的 Web（全球广域网）平台，在世界各地的石油生产现场提供实时的火炬燃烧数据。对火炬数量的跟踪为世界银行“2030 年实现零常规燃除倡议”提供了支持[1]。

85. 2030 年实现零常规燃除倡议是什么？

2015 年，联合国和世界银行联合发起了“2030 年实现零常规燃除倡议”，其目标是在 2030 年前设法消除在石油生产作业中利用火炬燃除伴生天然气。该倡议适用于常规火炬燃烧，而不是出于安全原因的非常规火炬燃烧。该倡议得到了 27 个国家和 20 多家石油公司的支持。认可该倡议的政府和石油公司将每年公开报告其在该倡议方面的进展并同意世界银行进行汇总和报告。认可该倡议的政府将为上游市场的投资

1 https://www.worldbank.org/en/programs/gasflaringreduction#1.

和运营提供有利的法律法规，以便于将天然气输送到市场需求侧，为石油公司增强了信心。各国政府将要求新油田的开发计划应包括对伴生气的可持续利用，而不需要常规火炬燃烧。此外，各国政府将尽一切努力确保在不迟于2030年尽快结束现有油田的常规火炬燃烧[1]。

86. 油气甲烷伙伴关系是什么？

油气甲烷伙伴关系（OGMP）是由联合国环境规划署（UNEP）、欧盟委员会（EC）和美国环保协会（EDF）于2014年牵头发起的，是气候和清洁空气联盟旗下的倡议，已有62家公司加入，签署公司的资产覆盖全球，其石油和天然气产量占全球总量的30%。OGMP的成员以企业为主，专注于油气产业的甲烷减排。OGMP的目标是帮助油气企业更好地理解甲烷减排的重要性，并帮助企业设立实现短期内甲烷减排的目标。OGMP成员企业围绕着九项核心排放源的排放情况展开调研，制定低排放的可能方案，以透明可信的方式发布调查和减排进展报告。

2020年OGMP新出台的OGMP2.0框架被视为当前最佳报告框架，在这一框架下，石油和天然气领域的甲烷排放报告准确性和透明度将得到提升。OGMP2.0的核心是以测量为基础的全面综合性甲烷报告框架。OGMP2.0致力于在2025年前将行业的甲烷排放量减少45%，在2030年前减少60%～75%。

1 https://www.worldbank.org/en/programs/zero-routine-flaring-by-2030#5.

87. 甲烷减排指导原则是什么？

甲烷减排指导原则（MGP）是一个多方利益相关者合作平台，由来自油气行业、政府间组织（包括 IEA）、学术界和民间社会的 20 多个机构组成，成立于 2017 年。2017 年，EDF、IEA、国际燃气联盟（IGU）、OGCI、落基山研究所（Rocky Mountain Institute）、可持续天然气研究所（the Sustainable Gas Institute）、能源和资源研究所（the Energy and Resources Institute）以及 UNEP 联合制定了《天然气行业全价值链甲烷减排指导原则》。

英国石油、埃尼（Eni）、埃克森美孚、壳牌、挪威国家石油公司和道达尔等多家全球性能源公司均加入了 MGP。北京燃气集团也于 2018 年在华盛顿举办的世界燃气大会上签署了 MGP[11]。

MGP 旨在增进对减少甲烷排放的理解，推动甲烷减排政策和法规的制定和实施，增加业务透明度。2020 年以来，MGP 已经发布了在工程设计与施工、火炬燃烧、能源利用、设备泄漏、放空、气动设备、运营维修、持续改进等 10 个方面的实践指南，为油气行业甲烷减排的发展提供了较多具备可行性的方案。

88. 甲烷减排指导原则政策框架鼓励政府采用的原则是什么？

制定激励机制鼓励提前行动；推动减排绩效提升；促进

合理的政策实施；支持政策的灵活性和创新性[31]。

89. 甲烷减排指导原则政策框架政策设计的目标是什么？

油气兼顾。在油气行业中，石油和天然气的运营均适用甲烷减排，同时要认识到，由于运营和经济状况的差异，两项业务可能有必要采取不同的减排措施。同样，油气价值链上各环节均应适用甲烷减排措施，但要认识到各环节的资产、市场或运营情况存在差异，因此可能有必要采取不同的政策路径。

显著的减排成效。政策应纳入现有最佳数据和控制技术，减排效果应可核证，激励提前行动，并与国家和地方层面整体减排的目标和时间表保持一致。

通盘考虑新设施和现有设施。减排措施应覆盖新设施和现有设施。由于运营和经济状况的不同，可能有必要采取不同的减排措施。对于新设施，政策应鼓励采用高标准的现代设计和技术，以最大限度地减少甲烷排放。对于现有设施，政策应鼓励实施经证明行之有效的减排措施。

经济高效灵活。政策应综合考虑行业和社会的减排成本，以及减排带来的社会和气候效益。政策设计中允许适当的变通，力求以最经济有效的方式实现减排。

激发创新。与现有的具备商业竞争力的减排技术相比，如果新技术能在预防、监测和减排方面取得同等甚至更好的可核证的预期减排效果，则政策应鼓励和支持这种新技术的创新、开发与实施。同时，政策应包含新技术的引入和实施途径。

保障透明。减排报告机制的设计应支持透明性以及有效监管和监督，避免不必要的行政负担，鼓励全价值链减排报告保持一致性。

持续改进。政策框架应借鉴现有的甲烷减排政策，在切实可行的情况下加以改进。同时应设有目标渐进条款，随着减排技术和实践的进步以及新的甲烷减排政策的制定，提出更高的目标[31]。

90. 什么是“全球甲烷承诺”？

全球甲烷承诺于2021年在COP26会议上被发起，目标是到2030年，人为甲烷排放量比2020年的排放量至少减少30%。这会在2050年之前避免超过0.2°C的升温。2022年6月17日“全球甲烷承诺能源路径”启动，该路径聚焦于石油和天然气部门的甲烷减排。“能源路径”是实施全球甲烷承诺的一个关键步骤，它将加速当今最快和最具成本效益的甲烷减排解决方案的部署。

91. 国际甲烷排放平台是什么？

国际甲烷排放平台（IMEO）是由 UNEP 与 EC 合作发起的，旨在与世界各地的政府和公司合作，以监控全球范围内的甲烷排放或泄漏情况，统计和汇编最精准、最可靠的数据，协助全球行业和政府解决与所报告的排放量有关的不确定性问题，提高甲烷排放数据的一致性和可信度，以加快全球甲烷排放量的减少。IMEO 将通过 OGMP 成员公司报告的数据来收集公司数据。报告框架的标准是由 UNEP、EC、EDF 以及 CCAC 框架内领先的石油和天然气公司制定的。OGMP 成员公司的油气占全球石油和天然气产量的三分之一，并且成员数量预计将迅速增加。

IMEO 将汇总公司的报告、卫星数据和科学研究的测量结果（其中许多将由 IMEO 赞助），为迄今为止的全球甲烷排放水平和来源提供最佳的图像。借助这个全球数据库，IMEO 将验证公司、国家和地区的报告，并在全球范围内促进甲烷减排行动。IMEO 向全球的合作伙伴提供欧盟卫星数据，支持国际甲烷数据共享。IMEO 将委托研究人员测量全球煤炭、石油和天然气价值链中的甲烷排放量，提供准确的公开数据和改进的测量方法。该数据将使政府、行业和其他利益相关者能够优先制定减少甲烷排放的政策和行动。IMEO 还将在发展中国家建立一个科学家社区，发展全球甲烷测量专业知识和能力。IMEO 的另一个任务是编制欧盟和国际甲烷供应指数（Methane-Supply Index，MSI）[1]。

1 https://fsr.eui.eu/international-methane-emissions-observatory-a-new-step-in-limiting-global-ghg-emissions/.

92. 目前专门针对油气甲烷排放的跟踪工具有哪些？

2019 年， IEA 推出了一种新的在线工具，用于追踪石油和天然气相关的甲烷，甲烷追踪器提供了最全面的全球甲烷排放情况，涵盖了 70 多个国家的 8 个工业领域。这一独特的新工具利用现有的最佳数据，为 IEA 提供了对当前石油和天然气甲烷排放量的最新估计结果。可按国别、海底、非常规、陆上常规等类别以及泄漏和放空不完全燃烧项目来显示[32]。

第二节 区域尺度的行动

93.《欧盟甲烷战略》对油气系统甲烷减排的要求有哪些？

2020 年 10 月 14 日，欧盟委员会发布了首份限制甲烷排放的纲要性草案《欧盟甲烷战略》（EU Methane Strategy）。作为全球最大的天然气进口地区，欧盟对于甲烷的排放和泄漏问题关注已久，该战略是《欧洲绿色新政》的一部分，旨在敦促降低欧洲乃至全球范围内的甲烷排放。针对能源领域的甲烷排放，欧盟提出进一步改善天然气基础设施的泄漏检测和修复情况，并考虑立法禁止常规燃烧和排气，同时将对区域内消耗和进口的化石能源设立具体的甲烷减排目标，并实施其他减排激励措施。此外，欧盟还将与国际社会扩大合作，探讨欧洲地区进口能源的甲烷排放标准，并制定执行这些标准的法律工具[33]。

94. 第一个直接限制石油和天然气行业甲烷排放的是哪个国家？

2016 年 5 月， USEPA 完成了第一个直接限制石油和天然气行业甲烷排放的规定，为减少大气污染提供了新的机遇 [11]。

95. 美国的天然气之星计划是什么？

天然气之星（STAR）计划是建立在政府部门与企业之间的一个灵活自愿的合作关系，企业自愿加入该计划并按照计划规定提供相关技术应用的实践效果与成本效益相关的数据，而政府在对相关数据进行汇总分析后又对外公布，从而帮助企业优选成熟且成本较低的最佳技术，以实现在提高企业运行效率的同时减少甲烷排放的目的。具体而言，根据该计划规定，对于加入该计划的油气生产企业，需要在 3 年内根据已制订的减排执行计划，采用有效的、合适的减排技术，并每年提交执行情况报告，内容包括应用的技术的优势和不足、技术实施成本，以及相应的甲烷排放减少量等。为了支持美国的“全球甲烷行动计划”（GMI），USEPA 还将天然气之星计划进一步扩大到国际层面，除了在美国国内生产商中寻求合作伙伴，还吸引并鼓励美国以外的其他国家的企业参与该计划，这极大地促进了全世界范围内石油和天然气工业生产过程中甲烷排放量的减少。迄今为止，天然气之星计划的国际甲烷减排工作合作伙伴已遍及阿根廷、巴西、加拿大、智利、哥伦比亚、赤道几内亚、印度、印度尼西亚、尼日利亚、阿曼、波兰和卡塔尔等国家 [34]。

96. 中国在油气系统甲烷减排方面的努力有哪些？

2021 年发布的《中华人民共和国国民经济和社会发展第十四个五年规划和 2035 年远景目标纲要》首次明确，要“加大甲烷等温室气体控制力度”。“十四五”期间，生态环境部将制定相关行动方案，推动油气、煤炭等领域的甲烷控排工作。

97. 加拿大油气甲烷减排领域的措施和行动计划有哪些？

2018 年，加拿大已将控制油气行业甲烷排放纳入实现国家自主贡献（NDC）中的甲烷减排承诺，分别提出并采取了减少石油和天然气生产中甲烷泄漏的措施，以实现 2025 年将油气行业的甲烷排放减少 40% ～ 45% 的目标 [35]。

加拿大已经出台针对陆上及海上油气生产的既有以及新建设施的甲烷排放法规，规定了装置监测维修、气体回收减排等的要求以及放空气体的排放上限，并提出了到 2025 年将甲烷排放量在 2012 年的水平上削减 40% ～ 45% 的目标。艾伯塔省、不列颠哥伦比亚省和萨斯喀彻温省还制定了其他监管措施，以应对上游石油和天然气运营中的甲烷排放。

2022 年 9 月 23 日，加拿大政府公布了“更迅速、更深入：加拿大甲烷战略“（FASTER and FURTHER: Canada’s Methane Strategy，以下简称“战略”）[1]。战略提出加拿大

1 https://publications.gc.ca/collections/collection_2022/eccc/En4-491-2022-eng.pdf

2030 年比 2020 年国内甲烷排放量至少减少 35% 的目标，并从各领域减排措施、经济手段及国际合作等方面对加拿大目前和未来的甲烷减排行动计划进行了介绍。

98. 新西兰油气甲烷减排领域的措施和行动计划有哪些？

2019 年新西兰政府为美国环保协会独立下属机构 Methane SAT 发起的“甲烷星”项目注资 2 600 万新西兰元（约合 1 660 万美元）。“甲烷星”是一颗可以高精度监测全球甲烷排放的卫星，将于 2022 年发射，这也是新西兰首次从国家财政出资，加入应对气候变化的太空任务。“甲烷星”项目将专注收集石油、天然气等行业排放的甲烷数据，并研究如何有效运用这些数据来实现甲烷减排。

美国环保协会独立下属机构计划于近期发射的 Methane SAT 卫星，将对排放进行更广泛、更频繁的监测覆盖——大约每 4 天就会对全球 80% 以上的油气甲烷排放情况进行量化监测。Methane SAT 卫星旨在量化甲烷的总排放量，并追踪已知和未知的排放源。美国加利福尼亚州计划发射的卫星将主要探测温室气体的点源污染，即在已知排放发生的特定地点监测泄漏及其他异常情况。

第三节　公司和机构尺度的行动

99. BP在油气甲烷减排领域的措施和计划有哪些?

2019年，BP出资50万美元，用于一项由美国科罗拉多州立大学领导的研究项目，旨在研发出使甲烷监测和量化技术能够更好被监管者认可的方法。无人机监测和固定连续监测等先进手段的使用将提高监测速度，使更多的甲烷泄漏能够被发现并及时得到修复。为获得监管者的认可，这些创新方法必须能够被明确证实具有切实的环保效益。所以开发稳健的数据分析模型，以及建立独立可靠的实地监测方法学是工作重点。

2019年，BP与美国环保协会共同宣布了一项为期3年的战略合作承诺，以共同推动技术手段的发展，从而实现全球油气行业的甲烷减排。项目对一些技术和战略进行测试，以继续提升甲烷管理水平。通过与大学及第三方专家的合作，这些成果将被应用于整个油气行业，帮助油气行业大幅削减甲烷这一强势温室气体的排放。

BP公司2050年净零碳排放战略的主要量化目标包括到2025年，油气生产的甲烷排放强度下降到0.2%；2023年，主要油气生产工艺实施甲烷监测，将甲烷排放强度降低50%。

100. 中国油气公司在油气甲烷减排领域的措施和计划有哪些?

中国石油化工集团有限公司启动了甲烷回收行动计划，对边缘井采用壳装式装置，以 LNG 或 CNG 的方式回收了大量甲烷。另外，对油井套管器也采取了各种甲烷回收方式，例如，通过回收装置或安装油气连通阀进行甲烷回收，但回收率较低。

中国三大石油公司，包括中国石油化工集团有限公司（简称“中国石油”）、中国石油化工集团公司（简称“中国石化”）和中国海洋石油总公司（简称“中国海油”）2001—2005 年就开始了火炬熄灭的活动，后来又开展了挥发性烃类的回收工作，对油罐实行密闭流程改造，接着处理油田开采过程中单井套管泄漏的问题，下一阶段就是要把密闭流程井组通过 LDAR（泄漏检测与修复）进一步削减甲烷排放量[35]。

2018 年 9 月， OGCI 下设的气候投资公司与中国石油签署了设立中国技术投资基金的协议。该基金承诺至少提供 1 亿美元来支持中国具有实质性的温室气体减排技术和解决方案的开发和应用。

2021 年，中国石化承诺，到 2025 年将甲烷排放强度降低 50%；中国石油承诺，2025 年的甲烷排放强度将比 2017 年的降低 62.3%，实现 OGCI 提出的甲烷排放强度控制在 0.2% 的目标。

参考文献

［1］ 张博，唐旭．甲烷减排成为绿色发展助推器 [N]. 中国石油报，2021-02-09(6).

［2］ SAUNOIS M, STAVERT A R, POULTER B, et al. The global methane budget 2000–2017[J]. Earth system science data, 2020, 12(3): 1561-1623.

［3］ IPCC. 2006 IPCC guidelines for national greenhouse gas inventories[R]. 2006.

［4］ 刘均荣，姚军．油气系统甲烷排放源及减排技术 [J]. 油气田地面工程，2008, 27(7): 55-56.

［5］ 国家发展和改革委员会．中国石油天然气生产企业温室气体排放核算方法与报告指南（试行）[R]. 2014.

［6］ 闫伦江．石油工业温室气体核算与碳资产管理指南 [M]. 北京：石油工业出版社，2020.

［7］ 周广响．原油生产过程温室气体排放核算研究 [D]. 山东：中国石油大学（华东），2016.

［8］ 曹跃．油气行业中的甲烷泄漏研究 [J]. 当代化工，2015, 44(7): 1564-1565.

［9］ 秦璇．天然气集气站温室气体计算及减排策略研究 [J]. 天然气与石油，2020, 38(4): 14-18.

［10］ 徐博，冯连勇，王建良，等．美国页岩气开发甲烷排放控制措施及对我国的启示 [J]. 生态经济，2016, 32(2): 106-110.

［11］ 宋磊，徐文佳，刘译阳．甲烷排放检测技术应用现状综述 [J]. 油气田环境保护，2017, 27(3): 1-4.

［12］ 美国环保协会．国内外甲烷排放控制行动与趋势——2021 中国甲烷论坛背景报告 [R]. 2021.

［13］ 清华大学气候变化与可持续发展研究院．能源行业甲烷排放科学测量与减排技术 [R]. 2020.

[14] 蒲宏斌 . 油气管道泄露检测技术研究 [J]. 中国石油和化工标准与质量 , 2019, 39(17): 209-210.

[15] ZAVALA-ARAIZA D, LYON D R, ALVAREZ R A, et al. Reconciling divergent estimates of oil and gas methane emissions[J]. Proceedings of the national academy of sciences, 2015, 112(51): 15597-15602.

[16] 孙永彪 , 张春香 , 解东来 , 等 . 天然气系统甲烷排放测量与估算研究现状 [J]. 油气田地面工程 , 2020, 39(10): 30-37.

[17] 刘玲 . 石化行业温室气体排放研究 [M]. 青岛 : 中国石油大学出版社 , 2015.

[18] 薛明 , 翁艺斌 , 刘光全 , 等 . 石油与天然气生产过程甲烷逃逸排放检测与核算研究现状及建议 [J]. 气候变化研究进展 , 2019, 15(2): 187-195.

[19] 清华大学气候变化与可持续发展研究院 . 能源甲烷排放清单编制研究 [R]. 2020.

[20] USEPA. Inventory of U.S. greenhouse gas emissions and sinks:1990-2018[R]. 2020.

[21] USEPA. Global non-CO_2 greenhouse gas emission projections & mitigation potential 2015-2050[R]. Washington, DC: U.S. Environmental Protection Agency, 2019.

[22] USEPA. Recommended technologies to reduce methane emissions[EB/OL]. [2020-01-14]. https://www.epa.gov/natural-gas-star-program/recommended-technologies-reduce-methane-emissions.

[23] 王颖凡 , 徐先港 , 董建锴 , 等 . 美国油气行业甲烷减排立法及技术 [J]. 煤气与热力 , 2020, 40(11): 35-41.

[24] 袁凯燕 . 浅谈油气减排技术及其运用 [J]. 节能与环保 , 2020(3): 85-86.

[25] 韦晓强 , 单学永 , 黄国良 , 等 . 基于天然气液化加注技术的海上油田伴生气回收方案 [J]. 船海工程 , 2019, 48(5): 102-106.

[26] 上海汉洁 . 火炬如何实现甲烷减排，这些最佳实践方法你知

道吗？ [Z]. 2021.

［27］ 师春元 , 刘明礼 , 向启贵 , 等 . 甲烷减排技术在油气田开发中的应用 [C]//2007 国际甲烷市场化大会暨展览会论文集 . 安全生产信息研究院能源安全研究所 , 2007: 1025-1038.

［28］ 陈康林，崔建军，关克明，等 . 提高油田伴生气综合回收利用技术的研究与应用 [C]// 低碳经济促进石化产业科技创新与发展——第九届宁夏青年科学家论坛石化专题论坛论文集 . 石油化工应用 , 2013: 49-51, 57.

［29］ MGP. 油气行业甲烷减排政策框架 [EB/OL]. [2020-01-14]. https://methaneguiding principles.org/wp-content/uploads/2020/10/MGP-policy-framework_-Mandarin.pdf.

［30］ ENECO. IEA 公布石油天然气产业甲烷排放跟踪器 [J]. 中外能源 , 2020, 25(1): 102.

［31］ EU. EU strategy to reduce methane emissions[R]. 2020.

［32］ 徐博 . 考虑甲烷减排技术的页岩气开发能源投入回报研究 [D]. 中国石油大学（北京）, 2017.

［33］ 金雅宁 , 倪正 , 田喆 , 等 . 碳中和愿景目标对油气行业的挑战与机遇 [J]. 石油化工技术与经济 , 2021, 37(1): 1-6.